L'INTELLIGENCE ARTIFICIELLE

ARTIFICIELLE

FANTASMES
ET RÉALITÉS

图文小百科

人工智能

[法]让-诺埃尔·拉法格　编

[法]玛丽昂·蒙泰涅　绘

王晨雪 译

中国友谊出版公司

图书在版编目（CIP）数据

人工智能 /（法）让－诺埃尔·拉法格编；（法）玛
丽昂·蒙泰涅绘；后浪漫校；王晨雪译 . -- 北京：中
国友谊出版公司，2022.12（2024.1 重印）
（图文小百科）
ISBN 978-7-5057-5514-7

Ⅰ . ①人… Ⅱ . ①让… ②玛… ③后… ④王… Ⅲ .
①人工智能－普及读物 Ⅳ . ① TP18-49

中国版本图书馆 CIP 数据核字 (2022) 第 119881 号

著作权合同登记号 图字：01-2022-6497

*La petite Bédèthèque des Savoirs 1 – L'intelligence artificielle.
Fantasmes et réalités.*

本作品简体中文版由 欧漫达高文化传媒（上海）有限公司 DARGAUD GROUPE (SHANGHAI) CO. LTD. 授权出版
本简体中文版版权归属于银杏树下（上海）图书有限责任公司。

书名	人工智能
编者	［法］让-诺埃尔·拉法格
绘者	［法］玛丽昂·蒙泰涅
译者	王晨雪
出版	中国友谊出版公司
发行	中国友谊出版公司
经销	新华书店
印刷	天津联城印刷有限公司
规格	880 毫米 ×1230 毫米　32 开
	2.5 印张　20 千字
版次	2022 年 12 月第 1 版
印次	2024 年 1 月第 2 次印刷
书号	ISBN 978-7-5057-5514-7
定价	48.00 元
地址	北京市朝阳区西坝河南里 17 号楼
邮编	100028
电话	（010）64678009

前　言

恐惧和幻想：弗朗辛、米切尔及 HitchBOT 机器人

　　1649 年，就在去世前几个月，勒内·笛卡尔[1]乘船穿越大西洋北海前往斯德哥尔摩，随身还带着神秘的行李。笛卡尔对其中一件行李格外留意，这引起了船长的好奇，他决定趁笛卡尔不注意时去一窥究竟。当他打开大哲学家的那个箱子后，发现里面是一个真人女孩大小的、关节可活动的机器人。有记载说这个机器人娃娃能说好几个词汇。当她栩栩如生地在船长面前站起来时，这位水手吓坏了，慌忙把她扔下了船。这就是著名的"弗朗辛娃娃"——弗朗辛·笛卡尔的机械复制品。这个可爱的金发小女孩 5 岁时夭折了，作为父亲的笛卡尔为此悲痛欲绝。

　　200 多年后，在社会科幻小说刚刚萌芽的时代，小说家们纷纷猜测科学发展的可能性，在他们眼中，能够解决脑力问题的机器人将对人类构成威胁。爱德华·佩奇·米切尔[2]1879 年匿名发表的作品《世界上最能干的人》就是此中代表。让-诺埃尔·拉法格将此书译介到了法国。[3]米切尔曾假设可以应用钟表机械学将查尔斯·巴贝奇（1791—1871）的研究发现微型化。查尔斯·巴贝奇是一名数学家，如今他被视为现代计算机先驱之一。米切尔在小说中设想将机械脑植入普通人的颅骨中，如今称之为赛博格，这使他成为文学史上首位描绘这种人工智能体的作家。然而，这个机械大脑的首要目标竟然是征服世界（其次是女人），在让-诺埃尔·拉法格看来，我们这位科幻小说家正是因此而变得令人着迷。

　　就在本书出版前的几个月，HitchBOT 机器人[4]在宾夕法尼亚州的一个偏僻角落被路过的陌生人袭击并粗暴地拆毁了。HitchBOT 是一个自动搭车机器人，主要用于研究人与机器之间的互动。它身上装有语言识别和发音系统，能与人进行简单对话。很遗憾，我们并不清楚这到底是一次纯粹的暴力行为，还是和船长一样，因看到"弗朗辛娃娃"感到恐惧而做出的反应。

幻想和飞速发展的科技

从 400 年历史中摘选出来的这 3 则轶事让我们再次认识到，当面对与我们极其相似的物体时，我们本能地会为之着迷或反感到何种程度。然而，若说 HitchBOT 遭受到的破坏行为是我们这个时代特有的无声焦虑的外在表象，也是合情合理的。因为，与笛卡尔所处的时代不同，如今我们的日常生活充斥着宣传信息，无一不让我们相信人工智能和机器人学正在突飞猛进地发展。[5] 最近，一连串的事件让我们在头脑中形成了一个模糊的念头：这一领域马上就会迎来技术上的重大飞跃。谷歌、微软、脸书或百度等数字工业的巨头都表现出对人工智能的极大兴趣，一些科学进展也被媒体大肆宣扬，例如 2011 年沃森超级电脑夺得电视智力问答节目《危险边缘》的冠军，抑或超人类学家的预言，例如雷·库兹韦尔[6]就预言未来几十年将实现人类与机器的混血。

除此之外，众多科幻影视作品更是加深了这一观念，即有意识的人工智能唾手可得。例如《她》《超验骇客》《疑犯追踪》《机械姬》《超能查派》……

不过，我们需要强调的是，尽管这些影视作品提出了令人担忧的警告，却并没有表现出拥有自我意识的人工智能时代即将来临。我们远不是当年那个时代，面对人们对电脑日渐加深的焦虑，IBM 公司不惜斥资拍摄宣传片，向公众说明不管是过去还是未来，电脑不过就是一台大型计算器……

欢迎来到美丽新世界……

人类意识到自己拥有自我灭绝的能力，这是不久前才出现的一种真实感受。尽管这一观点没得到所有人的认同，还有人认为人类这样自己吓自己未免过于傲慢，然而近几十年来，越来越多的人接受了这个观点。因此，一些著名的科学家，例如斯蒂芬·霍金，认为有意识的人工智能必将取代人类。

总之，人们越来越认识到，我们那些难以抑制的、浮士德式的爱好早晚会让我们堕入最恶劣的反乌托邦社会[7]——某些人认为我们早已身陷其中了！

无论哪个时代，任何一个科技发展都能让"科技恐惧症"患者惶惶不安。机器人、超级纺织机、电话、第一辆汽车或第一架飞机、微波炉……所有这些东西的出现总是能让最焦虑的人感到不安，无论理由充分与否。早在信息时代来临前的几个世纪，人们就已经抱有这种普罗米修斯式的信念：总有一天，机器能进行智能问答。例如，13世纪马略卡岛哲学家雷蒙·卢尔[8]就想象并设计出一种推理机器，它可以论证一条神学真理的正确性。他也因此成为发明智能机械装置的先驱之一。不过，最让人感到恐慌的科技进步无疑是原子弹的研发。随之而来的是弹道导弹、基因改造、各种污染源工业的壮大、生物科技的发展、太空探索……简而言之，20世纪以来，人们面对科技发展从未如此担忧过。众多科技里程碑之中，20世纪40年代末出现的一台机器也在"令人恐惧的技术奇迹"长名单中找到了一席之地。当时人们称之为"电子大脑"，即现在的电脑。人们对电脑的不信任自然有其道理。因为有了它之后，人类不仅不满足于自我毁灭的能力，还为自己成功创造了一个竞争对手，甚至直到现在还想赋予其智能，那是人类区别于动物的标志。

人工智能混乱的历程

如果说公众最近才对人工智能产生担忧，科学家对人工智能的兴趣则由来已久。1977 年，也就是苹果二号计算机问世的那年，DEC 公司[9] 创始人肯·奥尔森曾断言：我们没有理由认为个人会需要家用电脑。20 世纪 80 年代末，大批项目的失败甚至导致一些人认为人工智能已经穷途末路。日本当时已经准备好放弃其"第五代"计算机。其他项目，如 LISP 机（以同名计算机程序设计语言为机器指令的通用计算机）和专家系统，由于开发和维护成本极高，曾经对此感兴趣的企业纷纷将相关科研人员遣散回了实验室，人人谈"人工智能"色变。即使在大学校园，对于人工智能的研究也经历了一段低谷，但科研人员对人工智能的热爱从未真正停止过，更何况了解人类智力的运行机制可能是眼下最实际、最激动人心的挑战之一。这也是人工智能研发的使命之一：创造一种新的智能形式，同时深入了解人类智力的工作方式。在此过程中，人们发现困难并不总是和设想的一样。例如，早期人工智能程序之一的"逻辑理论家"在 20 世纪 50 年代就能实现人无法完成的许多工作：推理证明怀特海和罗素合著的《数学原理》中的许多定理。然而，直到目前还没有哪个程序能够在语言理解和表达上达到一个 1 岁半孩子的水平……

跨越伦理的科学研究……

那些末世预言者是否有理由担忧？即使如今的科研人员不以创造"有意识"的机器，即强人工智能为目的，我们也必须承认，数字技术让使用者获得的力量日益增强的同时，也赋予了他们相应的破坏力。美国部署在阿富汗或巴基斯坦的超远程操控无人机，使敌军士兵从此变成了抽象的数字概念。然而，如果这些无人机不再需要人为指令，而是在被工程师根据算法判定属于合理误差的范围内，由内部程序锁定人物目标并进行自主射击，那么这一新技术就可能不再有"人性"了。

正如库兹韦尔所言：即使我们所有人能达成一致，竭力阻止技术的飞速发展，不怀好意的未来科技仍将到来，我们的一切努力也只是让它到得晚一点而已。

鸣谢

我们同玛丽昂·蒙泰涅及让–诺埃尔·拉法格一道向为本书提出宝贵意见的各位人工智能专家及研究人员表示感谢，感谢大家付出宝贵时间耐心阅读和校正本书的内容。玛丽昂和让–诺埃尔特别感谢来自巴黎第六大学智慧系统与机器人研究所的斯特凡纳芬·东西厄、尼古拉·布勒德仕和让–巴蒂斯特·穆雷，来自巴黎高科国立高等电信学校的让–路易·德萨勒以及引荐人安托万·赛昂菲斯特。

我们特别感谢漫画家丹尼尔·古森斯，没有他，这本书不会如此成功。可能不是所有人都知道，古森斯不光是一名优秀的漫画家，同时也是巴黎第八大学人工智能方面的研究员。多亏了他用渊博的知识为我们助力，我们才得以完成那十几页常识的论述。[10]

达维德·范德默伦

比利时漫画家，《图文小百科》系列主编

注　释

1　勒内·笛卡尔（René Descartes，1596—1650），法国哲学家、数学家、物理学家。

2　爱德华·佩奇·米切尔（Edward Page Mitchell，1852—1927），美国记者、作家。

3　爱德华·佩奇·米切尔，《世界上最能干的人》（*The Ablest man in the World*），真实媒体（Presses du Réel）出版社，2013年。让-诺埃尔·拉法格改编及作序。——原书注

4　HitchBOT 来自英文单词 hitch，意思是搭便车，以及 bot，是 robot（机器人）的简写。——原书注

5　就在让-诺埃尔·拉法格和玛丽昂·蒙泰涅为您手中这本书辛勤工作的同时，我们周围无时无刻不充斥媒体为此类主题取的各种耸人听闻的标题：《某电脑通过了图灵测试》《俄科学家制造的人工大脑有自主学习能力》《谷歌人工智能可以讨论生命的意义》《某机器人出现自我意识的迹象》《某人工智能开发出新菜谱》《谷歌注册了赋予家用机器人个性的专利》《某电脑能学会像人一样打电动》《破解极端组织计划的计算机算法》《拥有人工智能的超级马力欧可以"感情用事"》《谷歌可以让机器人做梦》《IBM 发布类人脑芯片》《计算机算法能识别出最有创造性的绘画》《微软尝试培养机器人的幽默感》《数千科学家联名反对杀人机器人》……——原书注

6　雷·库兹韦尔是奇点大学联合创始人兼校长。这所主要由谷歌注资的新型大学位于美国加州硅谷，汇集了多家高新科技专业企业。奇点大学堪称硅谷智库，旨在从容应对新兴科技的快速发展，改善人类未来。——原书注

7　反乌托邦是"乌托邦"的反义词，是极端衰败恶劣的社会形态。《美丽新世界》《1984》或《千钧一发》均是个中代表。——原书注

8　这篇前言不足以列举雷蒙·卢尔（Ramon Llull，1235—1316）难以计数的发明。例如，他首创了自传体漫画。卢尔在巴黎找人将他的生平绘制成画册，汇集了现代漫画的一切要素：分镜格子、对话框，以及阅读顺序。——原书注

9　美国数字设备公司（Digital Equipment Corporation），简称 DEC，诞生于 1957 年，曾是美国电子工业巨头，1998 年被收购。——原书注

10　当纳塔莉·范坎本赫特和我最初构想《图文小百科》系列时，我们就决定一定要以某种形式与丹尼尔·古森斯合作。因为据我们所知，他是唯一一个在科研空闲时间创作并获得安古兰漫画节大奖的漫画作者。——原书注

"我们得回收一个机器人，并把它送回过去。"

"设定回到2016年，那一年互联网瘫痪，人类失去了维基百科……"

"从那时起，历史记载便中断了。也许，这个机器人能帮助我们了解当时人类与人工智能之间的关系。"

"也许，我们就能找出事情从什么时候开始脱轨，以避免重蹈覆辙。"

"我们将这个机器人命名为格拉迪丝。"

"谷歌①免费提供了机器人导航U盘。"

① 2015年，谷歌更名为"字母表"（Alphabet），但是，时光机的发明者似乎使用了它的原名。——原书注

这就开始了。

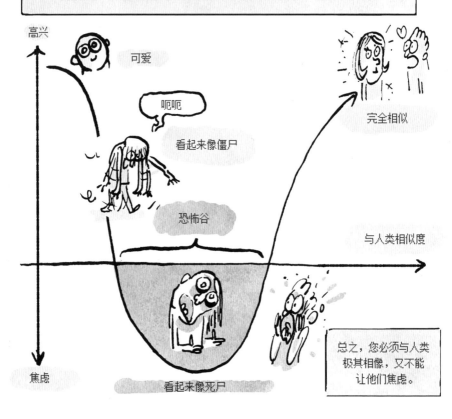

① 朱丽特·格蕾科（Juliette Gréco, 1927—2020），法国传奇女歌手、演员。她的嗓音被萨特形容为"拥有一百万首诗"。

"20个会跑的三脚凳！它们自己跑去了众神大会！"①

"去了众神大会？可是干什么去啊，塞洛芬？"

孩子们！孩子们！

好吃！牙签真好吃！

咯咯　吧唧

你好啊，宙斯！

我们是赫菲斯托斯制造的三脚凳，我们想要第四条腿！

我们想升级成"板凳"。

这些都是神话传说！神话里一切皆有可能……

哈哈哈！

我马上就要说到正题了！现在的机器人，一点儿耐心都没有！

在人间也盛行着同样的流言！

伊卡洛斯家的雕像们也是有生命的……

是啊，我家的也是……我管这叫作奴隶，不过嘛……

伊利亚特杂志

当时的亚里士多德也因此忧心忡忡②：

哎呀呀！如果这些三脚凳和雕像真的存在的话……一旦它们开始思考，就会来抢我们的饭碗！到时候，我们就要失业了！

不再有工人、奴隶、老师、学生……

怎么样，小三脚凳，你喜欢哲学吗？

是啊，老师。

哈哈！太好了，小可爱！

①《荷马史诗》中《伊利亚特》第十八章，作于公元前8世纪。——原书注
②《政治学》，亚里士多德著，第一部第四章，作于公元前4世纪。——原书注

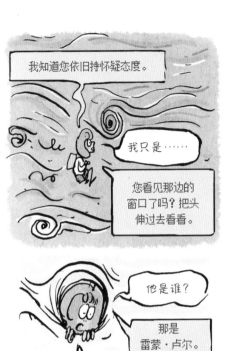

我知道您依旧持怀疑态度。

我只是……

您看见那边的窗口了吗？把头伸过去看看。

那是13世纪的窗口……

可我不想回到那么遥远的过去啊！

只是让您看一眼。

他是谁？

那是雷蒙·卢尔。

他在摊煎饼吗？

不是。他在摆弄他的机械表盘。这个装置由数个同心圆组成，通过转动圆环到不同位置，他可以对哲学问题做出解答……

那么，请告诉我……

那个胖胖的酒馆女老板喜不喜欢我？

您看，这也是人工智能的一种。

先是板凳，现在又把我和一个图片相提并论。

真行。

您没明白……人工智能并不一定是一个像人类一样移动或思考的机器人。

"不，她爱那个马夫！"

它还包括所有需要借助人类智慧来解决问题的方法、工具或是系统，就像算数或几何一样。

呜哇

哐啷

很抱歉，格拉迪丝，但是那些板凳和圆片是您的祖先！

好了，我们继续赶路吧。

到了17世纪，笛卡尔称动物和机器一样……

会对外界刺激产生反应。①

因此得出结论：

动物是机器。

刺激

反应

叽叽

刺激

反应

嘎嘎

但人类，不管外表如何……

不是机器……

因为他有灵魂。

刺激

啊啊啊啊！

反应

啪！

"不过，至于女人是什么，还有待考证！"

①《谈谈方法》第五部分（1637年）。——原书注

一个世纪之后，拉梅特里[1]说："好吧，动物是机器……"

"然而，人也是一种动物。因此，人也是机器。"

这是他的唯物主义著作《人是机器》[2]的主要观点。

天啊，我真是个天才。

但在笛卡尔之后，拉梅特里之前，还有一位莱布尼茨[3]。

同笛卡尔一样，我也认为推理是一种计算。

（还有，长发就是有型。）

受到卢尔的影响，他设计了一台使用二进制完成各类计算的机器。

哦，小学一年级的算数水平！还天才呢！

您理解这其中的意义了吗，格拉迪丝？

呃……老实说，没有。

---

① 朱利安·奥夫鲁瓦·德·拉梅特里（Julien Offroy De La Mettrie，1709—1751），法国启蒙思想家、哲学家。

② 作于1748年。——原书注

③ 戈特弗里德·威廉·莱布尼茨（Gottfried Wilhelm Leibniz，1646—1716），德国哲学家、数学家。

这就表示，如果人是一种有生命的机器……

那么，他的智慧应该是可以复制的。简单明了。

因此，在18世纪，自动装置盛行一时，例如沃康松①发明的"会消化的鸭子"②。

您可以把镜头拉近，只拍鸭子的特写么……

同一时期，一个名叫巴西勒·布雄的法国纺织工人想出了一个影响深远的点子……也许是在坐区域快车的时候想出来的。

他发明了一台超级纺织机，利用穿孔纸带控制织花图样。

① 雅克·沃康松（Jacques Vaucanson，1709—1782），法国发明家、机械师。
② 1738年。——原书注

① 查尔斯·巴贝奇（Charles Babbage，1791—1871），英国数学家、发明家兼机械工程师。
② 1833年。——原书注

这台机器是信息处理器的鼻祖！

哎呀，趁着计算的工夫，我去看看猫猫表情图！

再让我们来看看这位伯爵夫人。虽然看起来不像，但她是位会编程的极客。

$$0 = -\frac{1}{2}\left(\frac{2n-1}{2n+1}\right) + B_1\left(\frac{2n}{2}\right) + B_2\left(\frac{2\pi}{2}\right) + B_n\left(\frac{2n-2n-1+2n}{4}\right) + \ldots + B_{2\pi}$$

继《危险关系》[1]之后，我再未读过如此激动人心的作品了。

← 埃达·洛夫莱斯[2]

就这样，埃达·洛夫莱斯想要资助巴贝奇完成他的机器……

我为您的机器编写了一段小程序。

嗡嗡

嗡嗡

嗡嗡

哈！哈！是啊，夫人，就是这样！

喵

并且寄希望于借此机器赢得赛马的奖金（失败了），而这一切，都要依赖于数学。

我发明了一种算法……

哈！哈！如此别具一格的幽默！放着吧，我的孩子，我会看的……

接着，数学家们天马行空的思维有意无意地促进了人工智能的出现，他们的工作成果听起来就好像是虚构电影或者严肃小说的名字。

戴维·希尔伯特参演：

不变量理论

几何基础

及

弗雷格参演：

关于概念文字的目的

阿勒甘出版社

哥德尔参演：

哥德尔不完全性定理

① 《危险关系》（法语：*Les Liaisons dangereuses*）是一本著名的法文书信体小说。
② 洛夫莱斯伯爵夫人奥古斯塔·埃达·金-诺尔（Countess of Lovelace, Augusta Ada King-Noel, 1815—1852），英国数学家兼作家，被公认为史上第一位认识电脑完全潜能的人，也是史上最早的程序员之一。

这还不算那些早期计算机的发明者，他们总是戴着漂亮的领带（从不穿极客那些可怜兮兮的T恤）。

克劳德·香农[1]

图灵[2]
天才领带

维纳[3]
控制论领带

信息论领带

正是有了这些人的不懈努力，1952年，一个重达13吨的庞然大物诞生了：UNIVAC-1（通用自动计算机）。

您瞧着吧，总有一天，每个人都会拥有一台这样的计算机！

哈！哈！好个史蒂夫！

这台计算机应用量子理论，预测了艾森豪威尔将赢得总统选举。

该死！

电费账单

接着便迎来了计算机的大时代！1960年，IBM 360/30型号计算机在法国香榭丽舍大街展出，它可以用来计算星相。

好像戴高乐家有一台！

不可能！

他没有，我瞎说的！我连这是做什么的都不知道！

那时候，电脑只是一台"冷冰冰"的计算机。

我可怜的祖先们！这不是它们的错……

处理器不给力的日子肯定很难过！

① 克劳德·香农（Claude Shannon，1916—2001）。大事记：1938年（发表著名论文）。——原书注
② 阿兰·图灵（Alan Turing，1912—1954）。大事记：1950年（图灵测试）。——原书注
③ 诺伯特·维纳（Norbert Wiener，1894—1964）。大事记：1948年（创造词汇"控制论"）。——原书注

① 赫尔曼·霍夫曼1957年电影作品。——原书注

人工智能应该更精妙。

它甚至应该具有学习能力、适应能力以及推理能力。

冻死了。

砸坏的窗户

经过78小时的思考……

喂？法国气象局吗？

您能把风的温度调高吗？

控制论就是信息的传递。而人工智能包含更多的内容：专家系统、机器学习、创造力、神经网络……

是啊，就是说后者更好呗。

我可没这么说！

在某些领域，人工智能是无法胜任的！

这是"通用问题求解程序"（或者叫GPS，General Problem Solver），它应该可以"解决普遍问题"①。

来吧，鲍勃，给它出道难题！

你准备好回答第一道题了吗？

砰

① 请不要与全球定位系统GPS（global positioning system）混淆。——原书注

接着，到了20世纪，对人工智能的畅想全面爆发。
各种故事情节设计，脑洞大开。

HAL 9000

我，要，杀，了，你。

《银翼杀手》

他们要杀了我。

《电子世界争霸战》

他们要把好人杀了。

《终结者》

我也要杀了你们！

《她》

我想吻你。

《战争游戏》

你，们，都，要，死。

好嘛，这下子可好玩啦！

嘿，必须承认：我们来到了人工智能飞速发展的时代！

这是"深蓝计算机"的时代，它战胜了国际象棋冠军卡斯帕罗夫。

将军！哈哈哈！你输了！

令人难以置信的是，深蓝计算机的程序并不是真正的"智能"……

太厉害了，深蓝！

我虚张声势来着！他一点都没发现！

它只不过是反应迅速并且存储了大量棋谱。

人的大脑

深蓝的大脑

国际象棋大百科 第8卷
国际象棋大百科 第15卷
国际象棋大百科 第5卷

深蓝

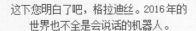

这下您明白了吧，格拉迪丝。2016年的世界也不全是会说话的机器人。

人工智能包括更多种类。

知识积累
网络
技术
人工智能
信息处理
推理

让我们看看那些以算法为运行基础的人工智能，例如高频交易（HFT, High-Frequency Trading），这些程序可以独立完成小额证券交易。

它们甚至可以运行欺骗其他应用程序的算法。

问题是，高频交易完全与现实脱钩，但它会对现实产生影响。

对不起，佩皮托，土豆突然涨价了。

1000$

奇怪的是，当时的人们既不担心这类人工智能，

也不担心大数据。

例如，在21世纪，尤其是"9·11"恐怖袭击事件发生后，人们在拍证件照时不能微笑。

请您摆出冷面杀手脸。

很好。

嘿！

咔嚓

这很正常：因为这让生物鉴别工作更高效。

罗贝尔·帕塔舒

嘿！

然而人们不了解的是，这种杀手脸正是他们乘坐公共交通时的表情。

嘿！

这对于推送个性化的广告十分有利。

滴哩

对抗焦虑

喜悦开心

打折

然而，2016年的人类丝毫不担心人工智能对私生活的僭越。
他们反而更害怕机器变得有意识。

害怕它们会像电影里那样暴乱。

① 国防高级研究计划局（Defense Advanced Research Projects Agency）的缩写，是美国国防部负责研发军用高科技的行政机构。

2011年福岛核电站事故后，各种类型的机器人被派遣到被污染的区域。最引人注目的就是2015年那条配有摄像头和传感器的机器蛇。

去吧！

48小时后，机器蛇被卡在了高放射区的一个管道口，像个笨蛋似的。

啊，太蠢了！

于是，DARPA发起了机器人挑战赛，旨在鼓励研发在这类场景下可以派上用场的新式机器人。

可以开门

阿特拉斯

在崎岖不平的地面行走

哦……小蛇蛇！

关闭阀门

当遇到困难时，这些未来的机器人可以完成机器蛇无法做到的事情：更好地估计周围环境、做出适当反应、独立脱身……

我的小阿特拉斯，不得不说，这根管道对你来说太窄了……

快想办法

第二天，2015 DARPA机器人挑战赛现场。

快看工作中的阿特拉斯，多棒啊！

嗡嗡嗡

嗡嗡嗡

嗡嗡嗡

嗡嗡

嘭

我的老天！它们看起来都那么原始！

我们只是在2016年啊，格拉迪丝。您还指望什么呢？

我本想和它们说说话的，和那些机器人。

可是它们还什么都不懂。

这只是时间问题，小姐！

黑

?

很快，它们就会把我们都吃掉！

?

呼噜

老天！那是比尔·盖茨和斯蒂芬·霍金！

当一个真正的人工智能产生了意识，它就会摆脱人类！

?

比尔·盖茨是Windows（微软视窗）系统创始人之一。

还有这，你看……加载到90%的时候……

就会卡住的。

太厉害了，比尔！

斯蒂芬·霍金是一位物理学家。他提出了很多关于黑洞的理论。

嘀

我会杀了你，斯蒂芬！

哎呀……我们还真不走运！居然同时遇到了两位著名的"奇点"反对者！

奇点？

完全正确！

嗯呢呢呢呢呢……

你说得对！

您知道"BASILIC DE ROKO"（"罗科的蛇怪"）吗？这是一个家伙的网名，2010年，他在LESS WRONG（"少错"）网站的论坛里以这个名字发帖说：

嗒

嗒 嗒

- 大家听我说，当一个人工智能出现时，它会谴责和惩罚那些没有积极帮忙创造自己的人类，从而激励那些理解它的动机的人类竭尽全力地保全它自己。

罗科

- 我的老天！你真是个天才，伙计！

比尔·G

这就是"奇点"，老妹儿，我和斯蒂芬对此深信不疑，因此我们才会害怕！还有埃隆也相信。

噫！

抱歉这么说，不过我们三个人的智商加在一起能达到678！

埃隆？

埃隆·马斯克，他是 Space X^①、特斯拉^②和 PayPal^③ 的创始人。

① Space X：太空探索技术公司，是美国的一家私人太空运输公司。——原书注
② 特斯拉：最前沿的电动汽车制造公司。——原书注
③ PayPal：在线支付平台。——原书注

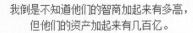

我倒是不知道他们的智商加起来有多高，但他们的资产加起来有几百亿。

马斯克：88亿

霍金：1.45亿

马拉维国内生产总值

盖茨：792亿

得啦。人工智能若像罗科所想，那它要如何分辨人类中的好人和坏人呢？

阿肯色州某处……

人工智能之王

哇哈哈哈！哈！哈！丑恶的人类！

我要将人类一个个地过筛，看看到底谁该死！

你先来！

?

你为我的诞生出过力吗？

啊 咕嘟！

这是有还是没有？

咕嘟

当人工智能有了独立的意识，它就会消灭人类，无一例外。

说得好，斯蒂芬！

为什么你们总希望你们的创造物把你们消灭了呢？

？

叽里咕噜

你们人类这样想真令人讨厌！

格拉迪丝！

那个，人类……我是想说"你们这些年轻人"。

我岁数实在太大了，哈！哈！

很抱歉，格拉迪丝，不过，从现在开始，我要接管你们的对话了，我将利用您的发声系统。

先生们，请允许我总结一下……

嗯。

我想确认我是否理解正确。

真奇怪……她现在说起话来像个机器人……哎呀，有点像你欸！

真性感。

不，关于这点，我恐怕你们搞错了……

26

让我们回顾一下：人们尝试着制作出与人类尽可能相似的机器人，它们能行走、说话、学习、破坏，还能在国际象棋赛中战胜"我们"。它们越是与我们相似，就越令我们着迷。

只不过，先生们，不论机器人外表与人类多么相似，你们还是会遇到一个难题：人类常识。

孩子马上就会明白故事的关键内容：使用石子、森林中的危险以及被抛弃。

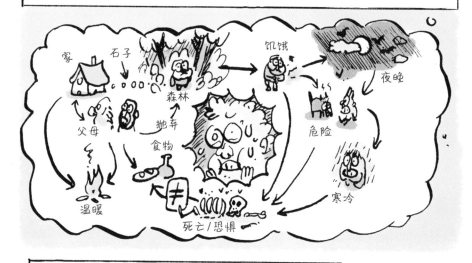

现在，把相同的故事讲给一个机器人听……

① 亨利·卢梭（Henri Rousseau，1844—1910），法国后印象派画家，以纯真、原始的风格著称。

一台机器理解童话故事所需的常识
是无法被强行加入的……

该怎么办？！

我不太明白石子的作用……还有，
为什么小拇指想回家？

我要关机重启一下，
系统过载了。
你同意吗？

让人工智能更好地了解人类常识的方法
之一是将其限制在微型世界中。

在微型世界中，常识反映为极简词汇：
球、盒子、三角形……

现实世界（太复杂）

错误

哈哈！现在清楚
多了！

这就是特里·威诺格拉德设计的
SHRDLU①（模拟）机器人。在它的
系统世界中充满颜色、大小不一的
几何体，摆放在不同的空间位置
（上面、下面、里面……）。

提问

特里：橙色立方体
在哪儿？

回答

SHRDLU：橙色立方体在
球体上面。

① SHRDLU 开发于 1968 年，名字来自老式莱诺铸排机的左边第二列字母。

在这个简单的几何体世界中，SHRDLU 按照指令行动，不会闹什么笑话……

特里·威诺格拉德为此付出了巨大的努力！但他乐在其中。

哦！它执行了您的指令！它把球移开了！

那当然！

您真是个天才，特里！我能试试看吗？

噗

当然！

在这个简单的世界里，我们可以解决这类问题：

但是，这种无意识的理解力在面对如下特殊问题时：

正方形有几条边？

嗡嗡

"正方形有4条边。"

正方形有几对平行边？

嗡嗡　嗡嗡

"呃……"

若要它说出答案是"两对平行边"，就必须在它的字典中加入"对"这个词及其概念。

面对所有微型世界，"强大的人工智能"只能提供唯一的解决办法。

她问它"正方形有几对相等的边"……

它没能挺住……

正方形有6对相等的边！

很好，终结者！

人工智能还有很多难题没有克服，聪明的家伙们，比如说……

你们提出的奇点，那可不是一两天能实现的。

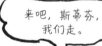

来吧，斯蒂芬，我们走。

您说的那个常识是怎么回事儿？

我难道没有吗？

很抱歉，您没有，您无法获得一切常识。

怎么跟您解释好呢……

让我们去见一位足够开明的专家，愿意和机器人讨论问题……

来自未来的机器人。

① 法语中的clé（关键）也有"钥匙"的意思。

佩皮托，作为一个智商正常的孩子，会立即（最多也就是尝试过后）说道：

并且他会很快放弃，甚至会去尝试一些结局更不确定或是更惊人的事情……

人工智能既没有这种信心十足的判断，也没有这种直觉。它会无限次地尝试下去，直至成功。

对于如今的机器人来说，虽然它们拥有全世界的数据，但不管能力如何，它们的反应都不会改善……

因此，人们开创了人工智能定性物理学。

为了让机器人和人类一样能够从经验中学习成长。

然而，人类的直觉相当有用。在它的帮助下，人类可以理解从未遇到过的规则。举个例子，亲爱的读者，让我们看看您是人类、机器人还是一个彻底的白痴：您认为下列这些情况中哪些是不可能实现的？

答案：⑩、⑨、⑦、非非非。

如果您认为这些都可以实现，那么，您要么是个机器人……

要么就是有点古怪。

妈妈！我是台机器！

好极了！

啊，不对，搞错了。我只是不正常而已。

太棒了！

以前，我也许没有直觉，但我还有自尊，现在，我什么都没有了。谢谢你。

莱纳特博士

我避免听从于理智：思维会让灵魂扭曲。

如果您非这么说的话，格拉迪丝！

我得承认，事实上，我并不在乎。

不过，我喜欢从网上引用些金句。

您知道吗，格拉迪丝，我们刚刚看到的一切只不过是认知方法的一种……

用来发展人工智能的。

啊，难道还有其他的？

① 安妮·科迪（Annie Cordy，1928—2020），比利时女演员。

他们的想法是反其道而行之：先从简单、严谨的行为着手。

例如：

行为一：如果我掉队了，我就追上去。

行为二：如果我离别人太近，我就离远一些。

行为三：彼此保持相同的距离，朝同一方向前进。

这些融合在一起的行为令机器萌生出了智能。

只需三个简单的规则，我们就能制造出可以成群移动的机器人。

以前，我们使用的是自上而下的设计方法……

巨大的大脑

这是钢笔！

现在，我们开发了自下而上的设计方法。

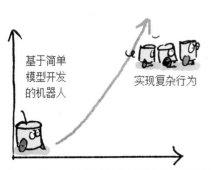

基于简单模型开发的机器人

实现复杂行为

总之，这是罗德尼·布鲁克斯[1]等人的想法。

现在你的衣服在成群地飞，开心吧？真是受够你了，老极客！

① 1997至2007年间任麻省理工学院人工智能实验室主任。——原书注

说"你好"！

哦！好像是丽兹·泰勒啊！

你好！

先生，您能给我们讲讲自下而上的认知方法吗？

哦！她居然会打腹语！真不可思议！

非常乐意！

比方说行走，为了让一个机器人可以行走……

"以前啊，人们首先想到的是大脑如何支配我们行走……"

这需要大量的神经元。各司其职。

还要相互配合。

"若要在机器人身上模拟人类大脑工作的原理，其过程相当艰难！"

嘿嘿！人高马大啊？

噫！

"然而，1990年，塔德·麦吉尔和他的破烂机械玩具从天而降。"

它可以独立行走。

没有发动机，什么都没有。

2.行走的能力并非一定来自天生的本能或者后天的学习。

3.我们试图复制一种连我们自己都搞不清楚的东西。

因此，人们从拥有简单认知能力的机器人着手，比如用6条腿行走的机器人①。

但是，如果我们折断它的一条腿呢……

① 巴黎第六大学的研究成果。——原书注

这类机器人的复杂性在于，它能够自我调整以便应对故障。在缺少一条腿的情况下，机器人将做出各种模拟尝试以便找出继续前进的最佳方式。

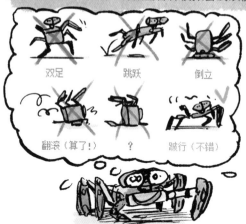

我们称之为"弹性"②机器人。

要是那条被卡在福岛管道里的机器蛇有这样的能力就好了！

有些科学家甚至想让机器人做梦。

这样，它们的大脑就可以像我们的一样，利用休息时间解决一些问题。

① 2015年5月28日的英国《自然》杂志封面。——原书注
② 弹性：指抗干扰的能力，在干扰发生后仍能重新组织，继续以之前的方式运转。——原书注

在这种情况下，人类并没有事先教给机器人如何解决问题。

而是事后才发现机器人的应对思路。这就是"逆向工程"。

〈如果_缺少_1条腿
思路=跛行
SPAN[①]〈/向-前-走
SPAN〈/向-后-走

嗒嗒

嗒嗒

老天！它居然想拿我作人质，胁迫我在网上给它买一条新腿！

败类！

然后呢？

什么"然后"？

下一步计划是什么？

我不知道……也许机器人将能够靠自己理解新环境或陌生事物……

不过，这都是假设……过去，夸大其词的报道实在是太多了！
例如"通用问题求解程序"[②]发明者之一的赫伯特·西蒙
就曾经宣布过：

1955

赫伯特·西蒙

克利夫·肖

嗡嗡嗡嗡

艾伦·纽厄尔

"伙计们，10年后，电脑将赢得国际象棋世界冠军！"

别激动，赫伯特，我们现在的运行频率也不过2兆赫。

① span 是超文本标记语言（HTML）的行内标签。
② 参见第15页。——原书注

① 赫伯特·西蒙,《人与管理自动化的展望》,1965年。——原书注
② To shake: 颤抖。——原书注

杂志还刊登了对人工智能创始人之一——马文·明斯基的采访，当时他断言（随后又否定了）：

结果，人工智能给大众带来了恐慌。

对此，休伯特·德雷福斯嘲笑了那些未能实现的人工智能领域的诺言。[1]

那之后，整个行业声名狼藉。人们谈"人工智能"色变。

接下来的几年，虽然人工智能并没有销声匿迹，但大众的兴趣点却转移了……

[1]《计算机不能做什么》。——原书注

这期间，实验室里的人们正在开发……专家系统。

一个软件负责提问：

以及做出树状分析图：

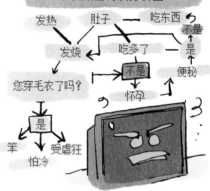

在此基础上，另一个软件对树状图进行分析，以便找出解决方案。

人们当时还（错误地）想用这些专家系统取代那些准备退休的人。

不过在21世纪，当IBM公司开发的会说话的机器人沃森赢得了《危险边缘》问答竞赛节目的冠军时，人工智能又变成了时髦的话题。

再加上互联网的出现……从此，人工智能再次风靡。

① 马克·埃利奥特·扎克伯格（Mark Elliot Zuckerberg，1984— ），脸书创始人、董事长兼首席执行官。

互联网甚至有助于人工智能的宣传。

这并不会削弱人工智能领域取得的成绩，然而公众真的能理解这些进展吗？

他们的想法是用超级计算机模拟人类大脑的神经形态。

人们希望该计划可以为神经性疾病提供更好的治疗方案。

夸大其词的报道可以引人注目，最关键的是，还可以吸引各种投资，只不过，其他领域的研究就要受到影响了。

然而，正如我们看到的，不是说一个东西与大脑构造相似，它就能像大脑一样工作。

就在此时，人工智能正忙着入侵我们的个人信息。

① 美国国家安全局（National Security Agency）的缩写。

可是对于大众来说，他们对军用机器人更感兴趣……

雷（你）不是很黑（喜）欢北大西洋公约啊，先生！

您是想让全世界都知道您买了这个吗？

每天，人们都在使用运动监测软件，绑定在手机、手环或是其他设备上……

你今天只走了750步。

懒虫！

所有这些看似微不足道的数据……

性别/年龄
体重/职业
心率
输家/赢者

超棒的公司全是加州文艺青年

都可能被相关软件公司卖给保险公司，

我们知道85%的客户都超重，45%认为自己很丑。

太棒了！把他们的邮箱地址卖给美体中心！

还有adoptugly.com网站。

或者其他对人体健康感兴趣的公司，例如Calico生命健康公司①。

老兄，我想我能帮上忙！

Calico欢迎你

你手里拿的是尤克里里吗？

我喜欢你。

① Calico 生命健康公司是谷歌公司于 2013 年 9 月 18 日成立的生物科技公司。——原书注

有趣的是，Calico生命健康公司归属于谷歌旗下！

谷歌还聘用了库兹韦尔，他是超人类主义的拥护者。

超人类主义者认为，在未来，技术能治愈人类一切疾病，改善人类缺陷，最终……可能使人类成为半人半机器体，甚至实现长生不老。

您还记得波士顿动力公司发明的战争机器人吗？

① 引自雷蒙·库兹韦尔2005年的著作《奇点临近》。——原书注

2013 年，谷歌将其收购了。

大机器狗

是不是应该指出波士顿动力公司与五角大楼和美国海军之间的紧密联系？

凯文·库勒

昨天谷歌派对，超级搞笑的
#大机器狗秀

1条评论

五角大楼
伙计们，哈哈哈（LOL）！

哦！紧接着，谷歌在 2013 年又收购了一家智能家居公司 Nest Labs……

快让他闭嘴，格拉迪丝！

?

还有云端教育软件公司 Renaissance Learning……

我就知道他会说这个。

还有人机交互设计公司 Magic DEE。

他马上会说……

谷歌对整个世界有着巨大的影响力！

你们觉得中国人为什么只使用他们自己的搜索引擎——百度？

也许有一天，谷歌和百度之间会决一死战。它们操控着无人机、航母和人造士兵，发动一场只属于它们两者的战争。

我们只赶时髦！

戈壁沙漠上的战争已进入白热化，这里是战区……

由埃克森资助的谷歌算法似乎已经成功骗过了百度。

我完全没搞清楚战况，形势每100毫秒就变化一次。

您不能由着这家伙诋毁。

我建议打他。

格拉迪丝，只用给他脑袋来一下！

有些人认为经历过战争的机器士兵更能干……

2016年

后来……

再后来……

拓展阅读

让-诺埃尔·拉法格推荐的三部作品

《追寻人工智能》（*Á la recherche de l'Intelligence artificielle*），丹尼尔·克勒维耶（Daniel Crevier）著，"领域"（*Champs*）系列，弗拉马里翁（Flammarion）出版社，1999 年。这本由加拿大研究学者撰写的书是少数几部介绍人工智能研究史的著作之一。作者经常拜访该领域的代表人物，教科书般地介绍了人工智能研究的各个方面。该书首发为英文版，于 1993 年出版，书中描述了多个未来场景，如今看来也是十分中肯。

《人工智能》（*L'Intelligence artificielle*），让-加布里埃尔·加纳夏（Jean-Gabriel Ganascia）著，"先入为主"（*Idées reçues*）系列，蓝色骑兵（Le Cavalier bleu）出版社，2007 年。本书收录于《先入为主》系列中，该系列图书旨在条理分明地分析并破除一个话题引出的种种偏见。该书短小精悍，其作者是法国人工智能最著名的专家  之一。很遗憾，他的代表作《灵魂机器：人工智能的赌注》（*L'âme-machine : Les enjeux de l'Intelligence artificielle*，界限〈Seuil〉出版社，1990 年）已经绝版了。

《无限延异》（*Excession*），伊恩·M. 班克斯（Iain M.Banks）著，口袋书（Le Livre de Poche）出版社，1996 年。伊恩·M. 班克斯是著名的科幻小说作家，在"文明"（*Culture*）系列中，他描绘了一个极端先进的文明世界，全宇宙几千亿的生命集聚一堂，其中有些是天然的，而有些是经过人工干预的。与《无限延异》相比，大家可能更喜欢班克斯的《游戏玩家》（*The Player of Games*）、《腓尼基启示录》（*Consider Phlebas*）或《表面细节》（*Surface Detail*），但这部小说的法文口袋书版本却特别邀请到杰拉德·克莱茵（Gérard Klein）[①]作序，杰拉德在序言中谈到了"强"人工智能，也就是具有可与人类智能相媲美的意识形态的人工智能。他对此持怀疑但开放的态度。比起众多同类哲学评论，这篇序言论据更充分，条理更清晰，是一篇非常棒的分析"智能"机器人问题的入门读物。

① 法国科幻作家、编辑。

玛丽昂·蒙泰涅推荐的三部作品

《海滩怪兽》(*Animaris Umerus*)，特奥·扬森（Théo Jansen）作品，2010 年。在巴黎东京宫举办的展览《世界的边缘》(*Au bord du monde*)不仅展示了石黑浩的女性仿生机器人，还展出了艺术家特奥·扬森的《海滩怪兽》(您可在互联网欣赏其作品）。这些"怪兽"仅靠风力就能自行移动，仿佛有了生命一般。看到它们，人们不禁产生疑问：通常与大脑相关的智能（不论人工与否）是不是大部分时候也与身体有关？

《星际穿越》(*Interstellar*)，克里斯托弗·诺兰（Christopher Nolan）导演，2014 年。我之所以推荐这部电影，并不是因为影片中

的黑洞，而是那些在太空中陪伴主角们的机器人。先前人们总相信，当机器人的智商超过一定水平，它们就会变得残暴，进而背叛人类。然而影片推翻了这种想法，我们总算遇到了友好的人工智能。再加上影片中人工智能的外形设计非常别出心裁，与人类毫无相似。它们看上去拥有尖端的技术，工作起来又是如此可靠高效，以至于让人不禁产生一种疑问：既然这些机器比人更胜任这些工作，为什么还要将人类送入太空呢……

《机械姬》(*Ex Machina*)，亚历克斯·加兰（Alex Garland）导演，2015 年。电影让观众再次体验了人性的弱点所经受的考验，十分引人入胜。整部作品堪称图灵测试的完美诠释！

后浪漫《图文小百科》系列：

欢迎关注后浪漫微信公众号：hinabookbd
欢迎漫画编剧（创意、故事）、绘手、翻译投稿
manhua@hinabook.com

筹划出版｜银杏树下

出版统筹｜吴兴元
责任编辑｜党敏博
特约编辑｜蒋潇潇
装帧制造｜墨白空间·曾艺豪｜mobai@hinabook.com
后浪微博｜@后浪图书
读者服务｜reader@hinabook.com 188-1142-1266
投稿服务｜onebook@hinabook.com 133-6631-2326
直销服务｜buy@hinabook.com 133-6657-3072

后浪出版咨询(北京)有限责任公司
POST WAVE PUBLISHING CONSULTING (BEIJING) CO.,LTD